BEI GRIN MACHT SICH IHR WISSEN BEZAHLT

- Wir veröffentlichen Ihre Hausarbeit, Bachelor- und Masterarbeit

- Ihr eigenes eBook und Buch - weltweit in allen wichtigen Shops

- Verdienen Sie an jedem Verkauf

Jetzt bei www.GRIN.com hochladen und kostenlos publizieren

Manuel Lorenz

Vulkanausbrüche auf Island

Methoden, Folgen und Fallbeispiele

GRIN Verlag

Bibliografische Information der Deutschen Nationalbibliothek:

Die Deutsche Bibliothek verzeichnet diese Publikation in der Deutschen National-
bibliografie; detaillierte bibliografische Daten sind im Internet über http://dnb.d-
nb.de/ abrufbar.

Impressum:

Copyright © 2008 GRIN Verlag GmbH
Druck und Bindung: Books on Demand GmbH, Norderstedt Germany
ISBN: 978-3-640-11968-4

Dieses Buch bei GRIN:

http://www.grin.com/de/e-book/112360/vulkanausbrueche-auf-island

Vulkanausbrüche auf Island

von

Manuel Lorenz

Inhalt

1. Einführung

Nach Aussage Engels (1998: 7 f.) gab es während des Holozäns weltweit eine Gesamtzahl von etwa 1.500 aktiven Vulkanen. Mit seinen ca. 200 postglazialen Vulkanen stellt Island demnach eines der vulkanisch aktivsten Länder der Erde dar. Die am häufigsten auftretende Eruptionsart ist die Spalteneruption. Nichtsdestotrotz kommt auch jede andere Form vulkanischer Aktivität auf Island vor (Frömming 2006: 104). In ihrer „Global Volcanism Program Database" geht die Smithsonian Institution davon aus, dass es seit der Landnahme Islands im Jahr 874 n. Chr. zu einer Gesamtzahl von 204 bis 223 vulkanischen Ausbruchsereignissen gekommen ist (www.volcano.si.edu). Diese statistische Einschätzung stimmt mit der Aussage Frömmings (2006: 104) überein, nach derer es in heutiger Zeit fast alle fünf Jahre zu einem größeren Ausbruch am zentralisländischen Rücken kommt.

Obwohl bevorstehende Vulkanausbrüche, im Gegensatz zu beispielsweise Erdbeben, meist deutliche Anzeichen haben und obwohl es in letzter Zeit zu teils beachtlichen Fortschritten bei der Vorhersage von Vulkanausbrüchen gegeben hat (Müller 2000: 10 f.; Steinþórsson 2005: 4), weist die isländische Geschichte doch viele Fälle von verheerenden Eruptionen auf. Diese, und ihre Auswirkungen auf Mensch und Natur, sollen im Folgenden näher erläutert werden. Schwerpunkt wird dabei weniger auf die geologischen Eigenheiten Islands gelegt als auf die Beschreibung und Diskussion negativer wie positiver Folgen von Vulkanausbrüchen.

2. Methoden zum Nachweis vulkanischer Aktivitäten

In diesem Abschnitt sollen Belege dargestellt werden, mit deren Hilfe eine Unterscheidung von aktiven (auch schlafende) und erloschenen Vulkanen bewerkstelligt werden kann. Die Liste der Belege basiert auf der Vorgehensweise der Smithsonian Institution zur Erstellung ihrer „Global Volcanism Program Database" und erhebt keinerlei Anspruch auf Vollständigkeit. Als aktiv darf ein Vulkan gelten, wenn seine letzte Tätigkeit nicht weiter als 10.000 bis 20.000 Jahre zurückliegt (www.volcanodiscovery.com). Die Smithsonian Institution hat sich dabei, nach eigenen Angaben eine Grenze von 10.000 Jahren gesetzt (www.volcano.si.edu). Ihre Ergebnisse dürften demnach mit hoher Wahrscheinlichkeit den gesicherten Bestand an aktiven Vulkanen entsprechen.

Die folgenden Anhaltspunkte dienen alleine, oder in Kombination, zur Feststellung (wahrschein-licher) vulkanischer Aktivität:

Historische Belege: Dies sind während oder kurz nach der beobachteten Eruption erstellte Hinweise und stellen, unter den hier aufgeführten Methoden, das sicherste Mittel zur Bestimmung der letzten vulkanischen Tätigkeit dar.

Belege mithilfe der Radiokarbon-Methode: Diese produzieren ebenfalls relativ gesicherte Ergebnisse und können oftmals durch andere Methoden entstandene Thesen überprüfen bzw. spezifizieren.

Anthropologische Belege umfassen sowohl Hinweise in einheimischen Legenden, beispielsweise isländischen Sagen, als auch verschüttete, datierbare Artefakte.

Thermale Belege geben an, dass ein Vulkan immer noch Hitze sowie oberflächliche Anzeichen dafür aufweist (Fumarole, heiße Quellen etc.).

Holozäne Belege können durch die folgenden drei Aspekte beschrieben werden: (1) Vulkanische Produkte die vorhandene pleistozäne Ablagerungen überlagern. (2) Junge vulkanische Erscheinungsformen in Gebieten die seit tausenden von Jahren von Erosion geprägt sein müssten. (3) Vegetationsmuster die wesentlich stärker ausgeprägt sein müssten wenn das vulkanische Substrat mehrere tausend (oder hundert) Jahre alt wäre.

Für Island besonders erwähnenswert ist die **Tephrochronologie**. Diese stellt eine geochronologische Technik dar, bei der einzelne Schichten von Tephraablagerungen in Böden als Zeitmarker verwendet werden. Tephra wird dabei als Sammelbegriff für Fragmente vulkanischen Gesteins und Lava verwendet die bei einem Vulkanausbruch durch Explosionen, Gase und Lavafontänen in die Luft geschleudert werden. Die Größe der Fragmente ist in diesem Zusammenhang nicht von Bedeutung (volcanoes.usgs.gov). Ergebnis der Nutzung dieser Zeitmarker ist eine relative, bzw. daraus ableitend eine absolute Einzeitung von geologischen oder geomorphologischen Prozessen und Ereignissen (Kellerer-Pirklbauer 2003: 12 f.). Die Anfänge der Tephrochronologie liegen in Island begründet wo Sigurdur Thórarinsson in den 1930er Jahren begann, Schichten vulkanischer Asche zu studieren und zu kartieren (Steinþórsson 2005: 8). Bis in die 1960er waren tephrochronologische Studien in Nord-West Europa auf Island beschränkt, dem einzigen Land mit aktiven Vulkanen in der Region. Spätere Untersuchungen fanden isländische Tephraablagerungen in Skandinavien und auf den Färöer Inseln, also tausende Kilometer von ihrer ursprünglichen Quelle entfernt. Fortschritte im Bereich der geochemischen Analyse machten es möglich Tephraschichten unabhängig von anderen Datierungsmethoden zu identifizieren. Sobald ein

Tephratyp geochemisch analysiert worden war, konnte er benutzt werden um über kontinentale Grenzen hinweg als Zeitmarker zu dienen. Auf diese Art wurden weitere Entdeckungen isländischer Tephra in Norwegen, Schottland, Nordirland, Deutschland, Schweden und im grönländischen Inlandeis gemacht (www.tephrabase.org). Für die tephrochronologischen Bemühungen auf Island waren vor allem verschiedene Ausbrüche der Hekla von besonderer Bedeutung. Da der Vulkan einen, für Island einzigartigen Magmatyp eruptiert (Kellerer-Pirklbauer & Eulenstein 2003: 244) und oftmals große Mengen von Tephra über die Insel verteilt, gelten einige seiner Tephraschichten als wichtige Zeitmarker. Allen voran trifft das auf die bei der ersten historischen Eruption der Hekla im Jahr 1104 entstandene H1 (Hekla 1) Tephraschicht zu (Kellerer-Pirklbauer 2003: 11, 17; Thorarinsson 1967: 5 ff.).

3. Folgen für Mensch und Natur

Dieser Abschnitt der Arbeit befasst sich mit den Wirkungen, die (isländische) Vulkanausbrüche auf den Menschen bzw. die Natur haben. Zur besseren Übersicht wird eine Untergliederung in durch Vulkanausbrüche verursachte Naturkatastrophen vorgenommen.

Bevor jedoch jede einzelne Vulkangefahr im Folgenden näher diskutiert wird, soll an dieser Stelle erst einmal eine Beschreibung von allgemeinen Folgen vulkanischer Ausbrüche (bzw. vulkanischer Aktivität) stattfinden. Dass vulkanische Aktivität ohne Zweifel auch während der Ruhephasen, und damit ohne direkte Beeinflussung der menschlichen Umwelt durch die später genannten Vulkangefahren einen starken Einfluss hat, wird für Island am Beispiel seiner Sagen deutlich: Nicht nur, dass sich diese mit den Gründen und Auswirkungen von Vulkanausbrüchen beschäftigen, sie geben auch Hinweise auf Strategien zum Schutz vor solchen. So wurde durch die Anthropomorphisierung der Natur, Vulkane wurden beispielsweise mit Hexen gleichgesetzt oder als Wohnort dieser vorgestellt, eine Art Betretungsverbot gefährlicher Regionen geschaffen. Auch Anleitungen zum Bau von Dämmen aus Bäumen, Büschen, Grassoden und Steinen wurden auf diese Art vermittelt (Frömming 2006: 99, 121).

Um jedoch Beispiele für allgemeine Folgen von Vulkanausbrüchen zu finden, muss man nicht zwangsläufig in die isländische Sagenwelt flüchten: Die Tatsache, dass es in der Geschichte Islands nach Vulkanausbrüchen vermehrt zu unverhältnismäßig großen Migrationsströmen gekommen ist, lässt den Schluss zu, dass auch Bevölkerungsteile die nicht (direkt) durch den Ausbruch geschädigt wurden ihr Heil an einem anderen Ort suchten. Anscheinend reichte dafür bereits die Ungewissheit über Zeitpunkt und Ausmaß der nächsten Eruption aus. Beispiele können durch den Ausbruch der Askja 1875 (www.nationmaster.com) und der Laki-Spalte 1783 angeführt werden. Bei letzterem bestanden sogar Überlegungen die Insel aufzugeben (www.trekkingguide.de). Einen aktuelleren Fall beschreibt Frömming (2006: 106) mit dem Ausbruch des Eldfell auf der Westmänner Insel Heimaey im Jahr 1973. Obwohl die gesamte Bevölkerung ohne Verluste evakuiert werden konnte und der Ausbruch vergleichsweise glimpflich ausging, kehrten bei weitem nicht alle Einwohner nach dem Erlöschen des Vulkans zurück. Die problematischste langfristige Auswirkung der Eruption ist daher ein allmählicher Bevölkerungsrückgang, der in der Angst begründet liegt, bei einem erneuten Vulkanausbruch auf der Insel gefangen zu sein.

Als weitere Folge des isländischen Vulkanismus, ist dessen touristische Vermarktung anzuführen. Bestes Beispiel stellt Islands bekanntester und in früheren Zeiten gefürchtetster (ab dem Hochmittelalter wurde er lange Zeit als „Tor zur Hölle" verschrien) Vulkan Hekla dar (Kellerer-Pirklbauer 2003: 11; Thorarinsson 1967: 5). Dieser ist während seiner Eruptionsphasen, seit Mitte des 20. Jahrhunderts, das Ziel von Schaulustigen aus dem In- und Ausland. Wie Kellerer-Pirklbauer & Eulenstein (2003: 240, 253) feststellen, wird dieser Ruhm sogar noch gefördert indem der Vulkan als touristisches Werbeinstrument genutzt wird. Ein Islandtour-Anbieter beispielsweise, benutzt die Schlagwörter „Hot Hekla" um Touristen auf die Insel im Nordatlantik zu locken. Doch auch andere Vulkane haben das Potential zur Sehenswürdigkeit. Und so stellt Sowan (1985: 67) fest, dass die isländischen Vulkane bereits seit den 1960er Jahren zu Touristenattraktionen geworden sind. Besonders hebt er dabei die vulkanische Entstehung der Westmänner Insel Surtsey hervor. Diese dauerte mehrere Jahre lang an und war deshalb Ziel von Neugierigen aus aller Welt.

3.1 Folgen der Eruptionswolke

Die Folgen durch den Ausstoß von Tephra wirken auf zwei Arten: Zum einen haben sie vor allem klimatische Auswirkungen wenn sie durch den Vulkanausbruch bis in große Höhe bzw. bis in die Stratosphäre gelangen, zum anderen wirken sie auf der Erdoberfläche in mehrerlei Hinsicht schädlich. Trotz der leicht missverständlichen Formulierung, widmet sich dieser Abschnitt ausschließlich dem ersten Fall, letzterer wird im nachfolgenden Abschnitt „Folgen des Tephrafallouts" behandelt.

Grundsätzlich können starke Vulkanausbrüche zu Klimaveränderungen globalen Ausmaßes führen (www.vulkane.net). Weitlaner (2006) verweist in diesem Zusammenhang auf eine Aussage des Klimaexperten Dr. Herbert Formayer (Universität für Bodenkultur, Wien), nach der eine überregionale Wirkung jedoch nur dann möglich sei, wenn Partikel bis in die Stratosphäre gelangen. Forscher der US-amerikanischen Rutgers University, aber auch Graf (2002: 133), weisen dagegen explizit darauf hin, dass nicht die Partikel selbst sondern miteingeführte Schwefelsäure(tröpfchen) für die Klimaveränderung verantwortlich seien (Weitlaner 2006). Diese Aerosole wirken sehr intensiv mit der eintreffenden Sonnenstrahlung im Wechsel. Folge ist, dass sichtbares Licht teilweise zurückgestreut wird und im nahen Infrarot sowie im langwelligen Bereich des Spektrums Strahlung absorbiert wird. Dies führt einerseits, da weniger Sonnenstrahlung zur Erdoberfläche vordringt, zu einer Abkühlung der Atmosphäre, andererseits durch die Absorption der Strahlung zu einer Erwärmung der Stratosphäre. Aufgrund der geringen Größe der Aerosoltröpfchen und der Tatsache, dass in der Stratosphäre praktisch nur Gravitationskräfte zum Ausfällen führen klingen vulkanische Störungen nur langsam ab. Graf (2002: 133 f.) geht bei einer Halbwertzeit von einem Jahr davon aus, dass nach einem entsprechend starken Ausbruch mit zwei Jahren deutlicher Klimabeeinflussung gerechnet werden muss. Bengtsson (2004: 191) setzt diesen Wert mit drei bis vier Jahren sogar noch etwas höher an. In jedem Fall reicht jedoch ein einzelner Ausbruch nicht aus um das globale Klima auf lange Sicht zu verändern. Lediglich eine Serie von großen Eruptionen könnte dies bewerkstelligen (Bengtsson 2004: 191). Der Grund, warum Anteile von Schwefelsäure überhaupt bis in stratosphärische Höhen gelangen liegt in der schweren Wasserlöslichkeit von SO_2 und H_2S, wodurch Eruptionswolken zu einem sehr effektiven Transportmittel werden (Graf 2002: 134). Graf weist weiterhin darauf hin, dass jede einzelne Eruption einen guten Test für (theoretische) Klimamodelle darstellt und dass die oftmals diskutierte Rolle von Vulkanausbrüchen für die Entstehung kleinerer Eiszeiten (vgl. Nöldechen 2005) nicht nachgewiesen werden kann.

Für das Beispiel Islands lassen sich die klimatischen Folgen von Eruptionswolken sehr gut am Ausbruch der Laki-Spalte im Sommer 1783 darstellen. Obwohl Spalteneruptionen nach Aussage von Grattan & Brayshay (1995:126) üblicherweise nicht genügend explosive Energie aufbringen um Tephra und Gase bis in die Stratosphäre zu befördern, ist dies im Fall des Laki wohl doch geschehen (Weitlaner 2006). Folge der Schwefelsäure-Injektion war eine Abkühlung Eurasiens und nachfolgend die Erwärmung Indiens und Afrikas. Weitlaner gibt weiter an, dass „[…] die kälteren Temperaturen im Norden die Temperaturdifferenz zwischen den Landmassen Eurasien und Afrika und dem Indischen Ozean und Atlantischen Ozean verringerte. Dieser Temperaturgradient ist der Motor für den indischen und afrikanischen Monsun, bei dem Winde die Feuchtigkeit von den Ozeanen auf die Landmassen tragen. Dort bilden sich dann Regenwolken." Die Auswirkungen für Afrika waren verheerend: Nach Aufzeichnungen des französischen Gelehrten Constantin Volnay waren die Wasserstände des Nils in den beiden Jahren 1783 und 1784 viel zu niedrig, bis zu 15% der Bevölkerung (am Nil) starb durch die Trockenheit (Weitlaner 2006).

Doch auch Tephra die nicht bis in stratosphärische Höhen gelangte hatte überregionale Auswirkungen: Grattan & Brayshay (1995: 128 f.) konstatieren für die Zeit nach dem Ausbruch starken, trockenen Nebel, wie er auch schon nach anderen großen Eruptionen festgestellt wurde. Weiterhin kam es zu extremen Gewitterstürmen in England. Berichte derselben Phänomene liegen den Autoren auch aus Frankreich, Deutschland, Italien und Spanien vor. Graf (2002: 133) hebt hervor, dass bereits Benjamin Franklin, damals amerikanischer Botschafter in Paris, einen Zusammenhang zwischen der kalten Witterung und der vulkanischen Aktivität des Laki vermutete. Frömming (2006: 146) stellt sogar fest, dass von verschiedenen Seiten spekuliert wurde, der Laki-Ausbruch und seine wirtschaftlichen Folgen könnten ein Auslöser für die Französische Revolution gewesen sein.

Weitere, nicht klimatische Folgen von Eruptionswolken stellen nach Aussage von Nöldechen (2005) die Störung des Luftverkehrs wegen der Gefahr von Triebwerksschäden (vgl. Tagesschau 2004), sowie der regionale Ausfall jeglicher elektronischer Kommunikation dar. Letzteres könnte durch die Wirkung einer riesigen Menge elektronisch geladener Partikel in der Vulkanasche passieren.

3.2 Folgen des Tephrafallouts

Wie bereits erwähnt, sollen in diesem Abschnitt verschiedene Möglichkeiten aufgezeigt werden durch die Tephra, auf der Erdoberfläche angekommen, auf Mensch und Natur wirkt. Grundsätzlich lassen sich diese Wirkungen nach Ansicht Engels (1998: 21) in zwei Kategorien unterscheiden: Zum einen in direkte Auswirkungen, wie sie beispielsweise durch die Belastung mit Zentimeter-dicken Schichten Tephras entstehen, und zum anderen in indirekte Auswirkungen die sich durch die Transformation der betroffenen Umwelt auszeichnen. Generell muss jedoch darauf hingewiesen werden, dass trotz der vergleichsweise schnellen Vergänglichkeit von Tephraschichten, die Geschichte Islands gezeigt hat, dass die verheerendsten Auswirkungen meist bei Eruptionen mit starkem Tephrafallout auftraten. Der Hauptgrund hierfür dürfte wohl in der hohen Reichweite liegen (Engel 1998: 22). Um an dieser Stelle jedoch Missverständnisse zu vermeiden, sei auf Graf (2002: 134) verwiesen, der betont, dass es sich bei Tephrafallout vornehmlich um ein lokales und kein überregionales Problem handelt. Die Formulierung „hohe Reichweite" muss demnach in Relation zu anderen Vulkangefahren gesehen werden. Eine Ausnahme bilden hierbei wiederum große Ausbrüche deren Tephra durchaus noch mehrere tausend Kilometer vom Ursprungsort entfernt gefunden werden kann.

Die wohl verheerendste Folge intensiven Tephrafallouts ist die Vergiftung wichtiger Ressourcen der isländischen Bevölkerung durch das Spurenelement Fluor (Fluorose). Das Eindringen des Spurenelements in Boden und Wasser lässt sich nicht verhindern und führt schnell zu Unbrauchbarkeit von Weideland und dem Tod vieler Nutztiere. Bei der Laki-Eruption 1783 verendeten beispielsweise, nach Angaben Jacksons (1982: 44), 50% aller Rindern, 75% der Pferde und fast 80% aller Schafe. Wie hier bereits deutlich wird sind Schafe besonders anfällig für Fluorose (Kellerer-Pirklbauer & Eulenstein 2003: 251, 259; Sowan 1985: 67). Menschen kamen vor allem in den nachfolgenden Hungersnöten um. Die kurze Vegetationszeit auf Island, wie auch die starke Abhängigkeit von unsicheren ausländischen Importen (1602 erlangte Dänemark das Handelsmonopol für Island, dieses wurde erst in der zweiten Hälfte des 19. Jahrhunderts wieder aufgehoben) trugen ebenfalls einen nicht zu unterschätzenden Teil zu dieser Situation bei (Jackson 1982: 43 f., 49).

Ein Weiteres Problem stellt die Kombination von Tephra und Wasser dar. Nicht nur, dass diese in ausreichend großer Menge zur Bildung von Lahars führen kann, bereits in geringerem Maße führt das Gewicht von Tephra und Regenwasser auf Gebäudedächern oftmals zu deren Einsturz (www.vulkane.net). Weiterhin kann Tephra, bei ausreichendem Hohlraumanteil bzw. niedrigem spezifischen Gewicht, als schwimmende Tephra Quellen und kleine Wasserkraftwerke verstopfen (1947/48) sowie den Schiffsverkehr im nahe gelegenen Atlantik behindern. Dies ist wiederholte Male 1766 passiert (Kellerer-Pirklbauer & Eulenstein 2003: 258).

Als Weitere Gefahr für den Menschen ist zu guter Letzt noch auf die Erstickungsgefahr durch das Einatmen von Asche hinzuweisen (www.vulkane.net).

3.3 Folgen pyroklastischer Ströme

Pyroklastische Ströme stellen für Mensch und Natur eine große Bedrohung dar. In ihrem Inneren erreichen sie extrem hohe Temperaturen. Je nach Quelle gibt es hierfür Angaben von 300- 800°C (www.vulkane.net) bis hin zu über 1.000°C (Müller 2000: 6). In jedem Fall ist das Feststoff-Gas-Gemisch äußerst verheerend und durch seine hohe Geschwindigkeit (bis zu 400 km/h) und Reichweite (über 60 km) äußerst unberechenbar (www.vulkane.net). Nicht selten gibt es in betroffenen Gebieten keine Überlebenden (Müller 2000: 6 f.). Für Island sind pyroklastische Ströme von besonderem Interesse, da sie hier vergleichsweise häufig der Grund für die Entstehung eines Lahars (isländisch Hlaup) sind. Dies trifft auch auf den Fall des größten Hlaup seit mindestens 150 Jahren zu. Dieser Entstand 1947 wenige Minuten nach dem Ausbruch der Hekla. Durch die Hitze des pyroklastischen Stroms bildeten sich enorme Wassermengen aus Gletschereis, Schnee und juvenilem Wasser. Der Hlaup bewegte sich mit hoher Geschwindigkeit rund 12 km weit und umfasste während des gesamten Ereignisses eine Fläche von rund 16 km^2. Durch die praktisch nicht existierende menschliche Nutzung des betroffenen Gebietes verursachte das Hlaup-Ereignis selbst keinen Schaden (Kellerer-Pirklbauer 2003: 14 f.).

3.4 Folgen von Lahars (Hlaups)

Für die Entstehung von Lahars gibt es verschiedene Möglichkeiten. Zum einen können sie durch vulkanische Eruptionen und der damit einhergehenden Schmelzung von Schnee und Eis ausgelöst werden, zum anderen durch starken Regenfall und Schneeschmelze ohne das Zutun vulkanischer Aktivitäten (Engel 1998: 21). Aus thematischen Gründen sind für die vorliegende Arbeit lediglich Lahars des ersten Typs von Relevanz. Der Vollständigkeit halber muss an dieser Stelle angemerkt werden, dass die Bezeichnung von Lahars im isländischen als Hlaups eigentlich noch eine weitere Unterscheidungsform benötigt: Für den Fall der Entstehung von Lahars in Verbindung mit dem Schmelzen von Gletschern wird strenggenommen der Begriff Jökulhlaups verwendet (Engel 1998: 5). Müller (2000: 7) weist Lahars ein ähnliches Gefahrenpotential wie pyroklastischen Strömen zu. Gründe hierfür sieht er in der hohen Dichte und dem großen Volumen von Lahars. Kellerer-Pirklbauer & Eulenstein (2003: 254 f.) geben für das Auftreten von Lahars durch jüngere Ausbrüche der Hekla an, dass es 1766, 1845, sowie 1947 zu großen Hlaup Ereignissen gekommen ist. Für das Jahr 1980 konstatieren sie einen kleinvoluminösen Hlaup, wohingegen 1981, 1991 und 2000 keine Lahars festzustellen waren. Für das bereits im vorangegangenen Abschnitt durch Kellerer-Pirklbauer beschriebene, größte Hlaup Ereignis wird angeführt, dass es durch den Schlammstrom zur Entstehung einer Hochwasserwelle im Ytri-Rangá Fluss kam welche beim 61 km entfernten Ort Hella noch immer eine maximale Durchflussrate von 123 m^3/Sek aufwies (Kellerer-Pirklbauer 2003: 255). Vorndran (1991: 62) gibt für das Beispiel der Grimsvötn an, dass ihr auf bis zu 220°C aufgeheizter Schmelzwassersee seit 1934 regelmäßig im Abstand von etwa fünf Jahren ausbricht. Der Vulkan durchbricht dabei die Eisdecke des Vatnajökul und bildet einen (Jökul)hlaup. Der energiereichste Ausbruch ereignete sich 1934, als in nur zehn Tagen 7 km^3 Wasser aus der 1.400 m hoch gelegenen Caldera bis in den Atlantik abflossen.

3.5 Folgen von Lavaströmen

Auch wenn Engel (1998: 17) auf die vergleichsweise hohe Geschwindigkeit isländischer Lava hinweist, stellen Lavaströme doch nur in Ausnahmefällen eine wirkliche Bedrohung für den Menschen selbst dar. Im Regelfall ist ihre Geschwindigkeit langsam genug um sich auch zu Fuß in Sicherheit bringen zu können (www.vulkane.net). In diesem Zusammenhang ist allerdings auch der Tod eines jungen Vulkanologen zu nennen der sich während des Hekla Ausbruchs 1947 ereignete (Kellerer-Pirklbauer & Eulenstein 2003: 254). Für Immobilien hingegen sind die heißen Ströme grundsätzlich eine nicht zu verachtende Gefahr. Nicht nur, dass sie Wohngebiete und dadurch die Bevölkerung direkt bedrohen, auch die Zerstörung von Höfen und die damit (in früheren Zeiten) einhergehenden Hungersnöte stellen ein großes Problem dar. In diesem Zusammenhang ist auf die Arbeit von Jackson (1982: 49) zu verweisen der am Beispiel der 1783er Laki-Eruption zeigt, dass die in Statistiken veröffentlichten Zahlen zur Zerstörung von Höfen oftmals missverständlich sind. Er stellt fest, dass es trotz sich kaum verändernden Bestandszahlen durchaus zur Zerstörung von einer beachtlichen Anzahl Höfe gekommen ist. Der durch den Lavastrom ausgelöste Effekt scheint seiner Meinung nach jedoch kurzfristiger zu sein als erwartet. So werden die zerstörten oder beschädigten Höfe innerhalb kürzester Zeit wieder aufgebaut oder ersetzt, zu einer Aufgabe kommt es nur in den seltensten Fällen.

Für die betroffene Natur haben Lavaströme ebenfalls verheerende Folgen. Ein Beispiel für mittel- bis langfristige Auswirkungen beschreibt Engel (1998: 19) mit der Beeinträchtigung des Ökosystems im Myvatn See. Dieser wurde bei einem Ausbruch der Krafla im Jahr 1729 von einem Lavastrom erreicht, durch den Vorfall erhöhte sich seine Temperatur und das Leben im See wurde beeinträchtigt.

Vorteile kann das austreten von Lavaströmen haben wenn sie in eine günstige Richtung fließen. Zu nennen ist in diesem Zusammenhang die Gewinnung von Neuland wie dies beispielsweise 1973 auf der Westmänner Insel Heimaey geschehen ist. Eine weitere Chance stellt die wirtschaftliche Nutzung erkaltender Lavaströme als Baumaterial für Straßen oder als Wärmelieferant dar. Durch Letzteres konnten bereits 1982, 90% der Grundstücke auf Heimaey mit Heizwärme versorgt werden. Schätzungen gingen damals davon aus, dass die Dicke der Lavaschicht noch für 15 bis 20 Jahre extrahierbare Wärme abgeben würde (Sowan 1985: 69).

4. Fallbeispiele isländischer Vulkanausbrüche

Die nachfolgenden Fallbeispiele dienen der Veranschaulichung bisher beschriebener Prozesse und deren Auswirkungen. Sie sollen nochmals hervorheben wie stark der Einfluss des Vulkanismus auf Island tatsächlich ist und welches Ausmaß Eruptionen auf die Insel und ihre Bevölkerung haben.

Bei den beschriebenen Ereignissen handelt es sich um den Ausbruch der Laki-Spalte 1783, den Ausbruch der Hekla 1947/48 sowie den Ausbruch des Eldfell 1973.

4.1 Ausbruch der Laki-Spalte 1783

Der Ausbruch der Laki-Spalte im Jahr 1783 förderte mit einer Gesamtmasse von 12,5 Mio. m^3 die größte Lavamenge in historischer Zeit zutage. 565 km^2 Islands wurden bedeckt. Die Lava stellte im Vergleich zum Tephra-Ausstoß jedoch das geringere Übel dar. Gase und Ascheregen vergifteten Weideland und töteten große Teile des Viehbestandes (Fluorose): 11.000 Rinder (50% des Gesamtbestandes), mehr als 26.000 Pferde (75%) und über 185.000 Schafe (80%) verendeten. In der darauffolgenden Hungersnot kamen etwa 10.000 Menschen um. Die Bevölkerung Islands schrumpfte von über 50.000 auf etwa 38.000 Personen (Frömming 2006: 104; Jackson 1982, 42; Sowan 1985: 67; Vorndran 1991: 57).

4.2 Ausbruch der Hekla 1947/48

Bei der Hekla handelt es sich um einen der bekanntesten und aktivsten Vulkane Islands. Wie die meisten ihrer etwa 30 historischen Ausbrüche, kam auch der Ausbruch von 1947/48 völlig unerwartet und ohne nennenswerte Anzeichen (Kellerer-Pirklbauer 2003: 11 f.). Trotz dieses Umstandes und der Tatsache, dass die ausgestoßene Tephra vergleichsweise fluorhaltig war (800-2.000 ppm) kam es nach Ansicht Sowans (1985: 67) nur zu relativ geringen Schäden. Zu beklagen sind, neben verseuchten Weideflächen und Quellen, der Tod von etwa 7.500 Schafen sowie eines jungen Vulkanologen. Weiterhin wurden etwa 100 Bauernhöfe beschädigt (Kellerer-Pirklbauer 2003: 17 f.). Dass es durch den Ausbruch keine größeren Schäden gegeben hat liegt unter anderem an der günstigen Himmelsrichtung (Süden), in die der Großteil der Tephra ausgestoßen wurde und somit wenig isländische Landmasse bedrohte (Thorarinsson 1967: 8). Bemerkenswert ist, dass die Hekla allein durch diesen einen Ausbruch 56 m an Höhe gewonnen hat (Kellerer-Pirklbauer 2003: 13).

4.3 Ausbruch des Eldfell 1973

Dem Ausbruch des erloschen geglaubten Eldfell ging lediglich ein leichtes Erdbeben voraus. Nichtsdestotrotz wurden alle 5.300 Einwohner der Insel Heimaey noch in derselben Nacht evakuiert. Es kam zu keinen Todesopfern. Der damals entstandene Sachschaden betrug 600 Million US Dollar. Ein Drittel der etwa 1.300 Häuser wurden durch den Ausbruch zerstört. Ein weiteres Drittel wurde beschädigt, konnte jedoch aus der Asche wieder ausgegraben werden (Frömming 2006: 106; Müller 2000: 7; Sowan 1985: 67). Die für die wirtschaftliche Situation äußerst wichtige Hafeneinfahrt der Stadt wäre fast von einem Lavastrom versperrt worden. Sie konnte allerding durch ein nie zuvor verwendetes Verfahren, mit Hilfe von Meerwasser gerettet werden. Experten sind sich heute jedoch darüber uneinig ob tatsächlich die Kühlung mit Meerwasser oder lediglich glückliche Umstände für die Rettung des Hafens verantwortlich waren. Der abgekühlte Lavastrom stellt inzwischen einen zusätzlichen Schutzwall für den Hafen dar und leistet diesem somit gute Dienste.

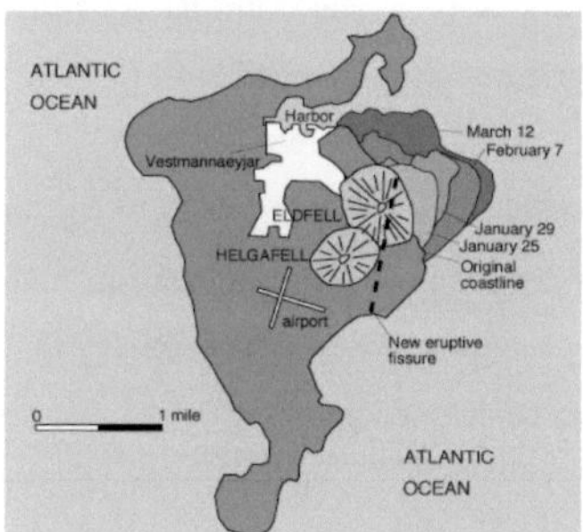

Abbildung: Veränderungen der Insel Heimaey durch Lavaströme des Eldfell-Ausbruchs 1973 (www.geokem.com)

Durch die Erstarrung anderer Lavaströme hat die Insel beachtlich an Größe gewonnen (ca. 20%) und die ansässigen Haushalte können durch das Extrahieren von Restwärme geheizt werden (Frömming 2006: 106; Sowan 1985: 69).

5. Literaturliste:

Bengtsson, L. (2004): Natürliche und anthropogene Antriebe des Klimasystems und die Folgen in Vergangenheit und Zukunft – In: Promet 30, 4: 188-201

Engel, Z. (1998): Volcanic hazards and jökulhlaups in Iceland – In: Acta Universitatis Carolinae / Geographica 33, 1: 5-30

Frömming, U. U. (2006): Naturkatastrophen. Kulturelle Deutung und Verarbeitung – Frankfurt u. a. (Campus)

Graf, H. (2002): Klimaänderung durch Vulkane – In: Promet 28, 3/4: 133-138

Grattan, J. & Brayshay, M (1995): An Amazing and Portentous Summer: Environmental and Social Responses in Britain to the 1783 Eruption of an Iceland Volcano – In: Geomorphology 20, 1/2: 95-112

Jackson, E. L. (1982): The Laki Eruption of 1783. Impacts on population and settlement in Iceland – In: Geography 67: 42-50

Kellerer-Pirklbauer, A. (2003): Der Vulkan Hekla auf Island. Ein geowissenschaftliches Kurzportät eines hochaktiven Feuerberges – In: Grazer Mitteilungen der Geographie und Raumforschung 32: 11-18

Kellerer-Pirklbauer, A. & Eulenstein, J. (2003): Vom „Eingang zur Hölle" zum Werbeinstrument. Der Vulkan Hekla auf Island. 1100 Jahre Interaktion Mensch und Vulkan – In: Mitteilungen der Österreichischen Geographischen Gesellschaft 145: 239-262

Müller, M. J. (2000): Naturkatastrophen als geophysikalische Vorgänge – In: Geographie heute 183: 1-19

Nöldechen, A. (2005): Von Island geht die nächste Eiszeit aus – http://www.welt.de/print-welt/article669867/Von_Island_geht_die_naechste_Eiszeit_aus.html (11.04.2008)

Steinþórsson, S. (2005): Catalogue of the Active Volcanoes of the World. Vol. 24 Iceland – http://www.raunvis.hi.is/~sigst/KatalogIntro.pdf (10.04.2008)

Sowan, P. W. (1985): Living with Volcanoes. Turning potential disaster to good account in Iceland – In: Geography 70: 67-69

Tagesschau (2004): Ascheregen über Nordeuropa. Transatlantik-Flüge wegen Vulkanausbruch ausgefallen - http://www.tagesschau.de/ausland/meldung213612.html (11.04.2008)

Thorarinsson, S. (1967): Some Problems of Volcanism in Iceland – In: International Journal of Earth Sciences 57, 1: 1-20

Vorndran, G. (1991): Naturgefahren in den Alpen und auf Island. Versuch einer vergleichenden Bewertung auf energetischer und Leistungsbasis – In: Mitteilungen der Geographischen Gesellschaft in München 76: 55-94

Weitlaner, W. (2006): Vulkanausbruch auf Island führt zu Dürre in Afrika und Indien. Modell soll Klimafolgen nach Eruption vorhersagen - http://www.innovations-report.de/html/berichte/geowissenschaften/bericht-74809.html (11.04.2008)

Internetseiten:

U.S. Geological Survey (2008): http://volcanoes.usgs.gov (03.07.2008)

Gunn, B. (2006): http://www.geokem.com (03.07.08)

NationMaster.com (2008): http://www.nationmaster.com

Newton, A. (k. J.): http://www.tephrabase.org (03.07.2008)

Happe, A. (k. J.): http://www.trekkingguide.de (03.07.2008)

Volcano Discovery (2008): http://www.volcanodiscovery.com (03.07.2008)

Smithsonian Institution (k. J.): http://www.volcano.si.edu (03.07.2008)

Szeglat, M. (k. J.): http://www.vulkane.net (03.07.2008)